Sitzungsberichte
der Heidelberger Akademie der Wissenschaften
Stiftung Heinrich Lanz

Mathematisch-naturwissenschaftliche Klasse
Abteilung A.

Jahrgang 1924. 7. Abhandlung.

Übergang von der nichteuklidischen Strecken-trigonometrie zur Winkelmessung

Von

Ernst Roeser
in Bottrop

Eingegangen am 21. Juli 1924
Vorgelegt von H. Liebmann.

Berlin und Leipzig 1924

Walter de Gruyter & Co.

vormals G. J. Göschen'sche Verlagshandlung / J. Guttentag, Verlags-buchhandlung / Georg Reimer / Karl J. Trübner / Veit & Comp.

Übergang von der nichteuklidischen Strecken-trigonometrie zur Winkelmessung.

Es sei die Aufgabe gestellt, in der LOBATSCHEFSKIJschen Ebene ohne räumliche Betrachtungen die Beziehungen zwischen den Seiten und Winkeln eines Dreiecks aufzustellen. Dazu ist notwendig, daß erst einmal die Funktionen von Strecken mit denen von Winkeln in Verbindu g gebracht werden.

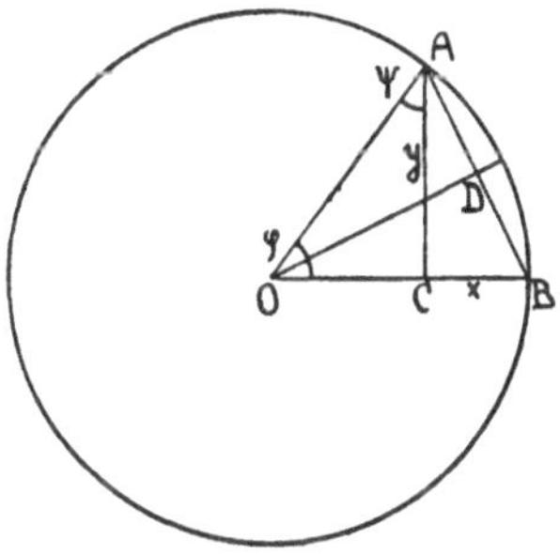

Abb. 1.

Gegeben sei ganz wie in der euklidischen Ebene ein Kreis mit dem festen Radius $0B = r$ und dem beweglichen $0A$, von dessen Endpunkt A auf $0B$ ein Lot gefällt wird. Es ergibt sich ohne weiteres, daß in dem entstandenen rechtwinkligen Dreieck der Sinus eines Winkels nicht einfach gleich dem Verhältnis von Gegenkathete zur Hypotenuse gesetzt werden kann, denn dann würde ja $\sin \psi$, sobald der Radius über alle Grenzen wächst, zu Eins werden, was der nichteuklidischen Annahme des spitzen Parallelwinkels widerspräche. Es sind vielmehr Funktionen der Seiten zu verwenden. Welcher Art diese Funktionen sind, zeigt die bekannte, von Herrn LIEBMANN[1]) ohne Zuhilfenahme des Raumes abgeleitete Gleichung:

$$(1) \qquad \frac{\operatorname{sh} a}{\operatorname{sh} c} = \frac{1}{\operatorname{ch} l}.$$

Hierbei ist a Kathete, c Hypotenuse eines rechtwinkligen Dreiecks und l, das zum Gegenwinkel λ gehörige Parallellot, das nur von λ abhängt. Die linke Seite ist also eine reine Funktion von λ, ihr Wert liegt offenbar zwischen 0 und 1. Man könnte daher die Gleichung: $\frac{\operatorname{sh} a}{\operatorname{sh} c} = \sin \lambda$ als Definition für die Sinusfunktion eines Winkels auffassen und hätte dann zu zeigen, daß dieser Sinus mit der analytisch definierten Funktion $\frac{e^{i\lambda} - e^{-i\lambda}}{2i}$ identisch ist.

---

[1]) Vgl. LIEBMANN, Nichteuklidische Geometrie (Berlin 1923), S. 59.

Der Beweis soll so geführt werden, daß der Ansatz gemacht wird:

$$\frac{\operatorname{sh} a}{\operatorname{sh} c} = \sin \, f(\lambda). \tag{2}$$

Dann ist zu zeigen, daß $f(\lambda) = \lambda$ ist. Es wäre also im Dreieck 0 A C:

$$\sin \, f(\psi) = \frac{\operatorname{sh}(r-x)}{\operatorname{sh} r}.$$

Läßt man 0 ins Unendliche rücken, so wird ψ Parallelwinkel von y, also:

$$\sin \, f(\Pi(y)) = \lim_{r=\infty} \frac{\operatorname{sh}(r-x)}{\operatorname{sh} r} = e^{-x} \tag{3}$$

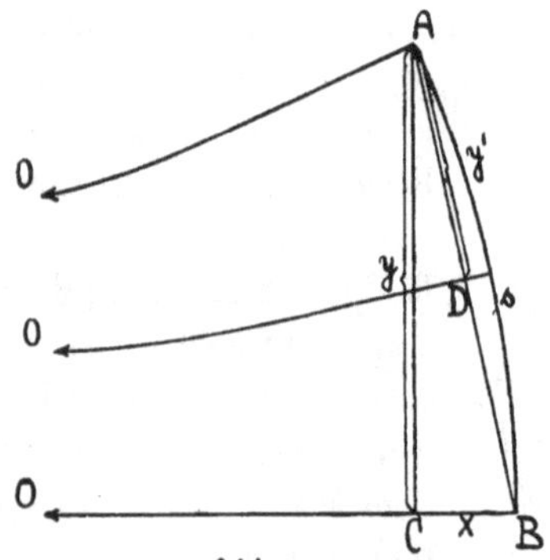

Abb. 2.

Nun ist, wie bekannt ist[1]),

$$e^{x} = \operatorname{ch} y \text{ und daraus:} \tag{4}$$

$$s = S \cdot \operatorname{sh} y, \tag{5}$$

wobei S eine Konstante ist. Also aus 3 und 4:

$$\sin \, f(\Pi(y)) = \frac{1}{\operatorname{ch} y}. \tag{6}$$

Es sei sodann der Bogen s des Grenzkreises halbiert und durch den Halbierungspunkt die Achse gezogen, D ist Mitte der Sehne A B. Dann folgt aus 5:

$$\frac{\operatorname{sh} y'}{\operatorname{sh} y} = \frac{1}{2}. \tag{7}$$

Hieraus kann die Funktion $f(\psi)$ ermittelt werden. Es ist:

$$\sphericalangle\, 0\,A\,C = \Pi(y), \quad \sphericalangle\, 0\,A\,D = \Pi(y'), \quad \text{also:}$$

$$\sin \, f(0\,A\,C) = \sin \, f(\Pi(y)) = \frac{1}{\operatorname{ch} y}$$

$$\cos \, f(\Pi(y)) = \operatorname{th} y.$$

---

[1]) Vgl. a. a. O. S. 58.

Ebenso $f(\Pi(y'))$. Also ergibt sich:

$$\sin f(\Pi(y')) \cos f(\Pi(y)) - \cos f(\Pi(y')) \sin f(\Pi(y)) =$$

$$\sin [f(\Pi(y')) - f(\Pi(y))] = \frac{1}{\operatorname{ch} y'} \cdot \operatorname{th} y - \frac{1}{\operatorname{ch} y} \operatorname{th} y' =$$

$$= \frac{\operatorname{sh} y - \operatorname{sh} y'}{\operatorname{ch} y \operatorname{ch} y'} = \frac{1}{2} \frac{\operatorname{sh} y}{\operatorname{ch} y \operatorname{ch} y'} = \frac{\operatorname{th} y}{2 \operatorname{ch} y'} \quad \text{oder:}$$

(8) $$\sin [f(\Pi(y')) - f(\Pi(y))] = \frac{\operatorname{th} y}{2 \operatorname{ch} y'}.$$

Aus dem endlichen Dreieck ABC aber folgt [da $CAB = \Pi(y') - \Pi(y)$ ist] nach Gl. 2, 4, 7:

$$\sin f[\Pi(y') - \Pi(y)] = \frac{\operatorname{sh} x}{\operatorname{sh} 2y'} = \frac{e^{2x} - 1}{2 e^x \operatorname{sh} 2y'} = \frac{e^{2x} - 1}{e^x \cdot 4 \operatorname{sh} y' \operatorname{ch} y'} =$$

$$= \frac{\operatorname{sh}^2 y}{e^x \cdot 2 \operatorname{sh} y \operatorname{ch} y'}, \quad \text{somit:}$$

(9) $$\sin f[\Pi(y') - \Pi(y)] = \frac{\operatorname{th} y}{2 \operatorname{ch} y'}.$$

Also aus 8 und 9:

(10) $$f(\Pi(y')) - f(\Pi(y)) = f[\Pi(y') - \Pi(y)].$$

Die einzige stetige Lösung dieser Funktionalgleichung ist:

(11) $$f[\Pi(y)] = \varrho\, \Pi(y) + \sigma,$$

wo ϱ und σ Konstanten sind, die sich ermitteln lassen.

Aus 6 ergeben sich für $y = 0$ und $y = \infty$ die Werte:

$$f(\Pi(y)) = \frac{\Pi}{2} \text{ und } = 0,$$

$\Pi(y)$ aber nimmt für $y = 0$ und $y = \infty$ dieselben Werte an, also folgt:

$$\sigma = 0$$
$$\varrho = 1.$$

Somit wird:

(12) $$f[\Pi(y)] = \Pi(y).$$

Zwischen Lot und Parallelwinkel bestehen also die Gleichungen: [Nach 6]

(13) $$\left|\begin{aligned} \sin \Pi(y) &= \frac{1}{\operatorname{ch} y} \\ \cos \Pi(y) &= \operatorname{th} y \\ \operatorname{tg} \Pi(y) &= \frac{1}{\operatorname{sh} y} \\ \cot \Pi(y) &= \operatorname{sh} y \end{aligned}\right.$$

Nun läßt sich leicht die Gleichung $\frac{\operatorname{sh} a}{\operatorname{sh} c} = \sin \lambda$ bestätigen und die übrigen Beziehungen des rechtwinkligen Dreiecks können abgeleitet werden, wenn man nur noch einige unmittelbar der Anschauung zu entnehmende Formeln über Seiten- und Parallellote der Winkel des rechtwinkligen Dreiecks hinzunimmt. Sind a, b, c, λ, μ die Stücke eines rechtwinkligen Dreiecks, l und m die zu den Winkeln gehörenden Parallellote, so ist:

$$(14) \qquad a - \mu = \Pi(c+l)$$

$$(15) \qquad a + \mu = \Pi(c-l) \qquad \mu \text{ eliminiert:}$$

$$2a = \Pi(c+l) + \Pi(c-l) \quad \text{also:}$$

$$2 \sin a \cos a = \sin \Pi(c+l) \cos \Pi(c-l) + \cos \Pi(c+l) \sin \Pi(c-l)$$

$$= \frac{1}{\operatorname{ch}(c+l)} \operatorname{th}(c-l) + \frac{1}{\operatorname{ch}(c-l)} \operatorname{th}(c+l)$$

$$2 \frac{1}{\operatorname{ch} a} \cdot \operatorname{th} a = \frac{2 \operatorname{sh} c \operatorname{ch} l}{\operatorname{ch}^2 c \operatorname{ch}^2 l - \operatorname{sh}^2 c \operatorname{sh}^2 l} = \frac{2 \frac{\operatorname{sh} c}{\sin \lambda}}{\frac{\operatorname{ch}^2 c}{\sin^2 \lambda} - \operatorname{sh}^2 c \cot^2 \lambda} \quad \text{oder:}$$

$$\frac{\operatorname{sh} a}{\operatorname{sh}^2 a + 1} = \frac{\operatorname{sh} c \sin \lambda}{\operatorname{sh}^2 c \sin^2 \lambda + 1}. \quad \text{Daraus:}$$

$$\text{I.} \quad \sin \lambda = \frac{\operatorname{sh} a}{\operatorname{sh} c}.$$

Ganz analog ergibt sich aus 14 und 15, wenn man a eliminiert:

$$2\mu = \Pi(c-l) - \Pi(c+l) \quad \text{und hieraus:}$$

$$\frac{2 \cot \mu}{\cot^2 \mu - 1} = \frac{\operatorname{tg} \Pi(c-l) - \operatorname{tg} \Pi(c+l)}{1 + \operatorname{tg} \Pi(c-l) \operatorname{tg} \Pi(c+l)} = \frac{\frac{1}{\operatorname{sh}(c-l)} - \frac{1}{\operatorname{sh}(c+l)}}{1 + \frac{1}{\operatorname{sh}(c-l)} \frac{1}{\operatorname{sh}(c+l)}} =$$

$$= \frac{2 \operatorname{ch} c \operatorname{sh} l}{\operatorname{sh}^2 c \operatorname{ch}^2 l - \operatorname{ch}^2 c \operatorname{sh}^2 l + 1} = \frac{2 \operatorname{ch} c \operatorname{sh} l}{\operatorname{ch}^2 c - \operatorname{ch}^2 l + 1}$$

$$\frac{\cot \mu}{\cot^2 \mu - 1} = \frac{\operatorname{ch} c \operatorname{tg} \lambda}{\operatorname{ch}^2 c \operatorname{t^2g} \lambda - 1} \quad \text{also:}$$

II. $\operatorname{ch} c = \cot \lambda \cdot \cot \mu$. Die übrigen Gleichungen sind Folgerungen aus I und II. Aus I und II folgt durch Elimination von λ bzw. c:

$$\text{III.} \quad \cos \mu = \frac{\operatorname{th} a}{\operatorname{th} c},$$

IV. $\cos\lambda = \operatorname{ch} a \ \sin\mu$,

II. und die symmetrische Form von III gibt durch Elimination von μ und λ

V. $\operatorname{ch} c = \operatorname{ch} a \cdot \operatorname{ch} b$ und endlich aus V und III:

VI. $\operatorname{tg}\mu = \frac{\operatorname{th} l}{\operatorname{sh} a}$,

womit die Beziehungen zwischen Winkeln und Seiten beim rechtwinkligen Dreieck der hyperbolischen (Lobatschefskijschen) Ebene vollständig wiedergegeben sind.

FSC
www.fsc.org
MIX
Papier | Fördert
gute Waldnutzung
FSC® C083411

Zeitfracht Medien GmbH
Ferdinand-Jühlke-Straße 7
99095 Erfurt, Deutschland
produktsicherheit@kolibri360.de